育てて、しらべる
日本の生きものずかん 15

監修　小宮輝之　恩賜上野動物園元園長
撮影　佐藤裕　内山晟　小宮輝之
絵　Cheung*ME

ウサギ

集英社

もくじ

ウサギをだっこしたことあるんだよ…4
体(からだ)のつくりを見(み)てみよう…6
ウサギがいろいろ大集合(だいしゅうごう)…8
日本(にほん)にいるウサギ…8
外国(がいこく)にいるウサギ…12
かわれているウサギ…16
あなほりがじょうず…20
自然(しぜん)のウサギは2しゅるい いるんだ…22
こんな生活(せいかつ)をしているよ…24
ウサギの体(からだ)のふしぎ…26

この本に出てくるウサギ

キュウシュウノウサギ…8
サドノウサギ…8
オキノウサギ…8
トウホクノウサギ…9
エゾユキウサギ…10
アマミノクロウサギ…11
エゾナキウサギ…11
アナウサギ…13
ヒメヌマチウサギ…14
メキシコウサギ…14
オグロジャックウサギ…14
サバンナノウサギ…15
ワタオウサギ…15
ホッキョクノウサギ…15
カイウサギ…16
 ネザーランドドワーフ…16
 ダッチ…17
 ライオンヘッド…18
 レッキス…18
 アンゴラ…19
 ロップイヤー…19

天てきとのたたかい…28
ノウサギの足はこんなにはやい…30
ウサギをかってみよう…32
せわのしかたとちゅうい…34
ウサギものしりちしき…36

ウサギをだっこしたことあるんだよ

どうぶつえんにウサギがいたよ。とってもふかふかで、かわいかった。

世界中に、いろんななかまが いるんだよ

自然の中にいる野生のウサギ。とっても せいかんな目をしているね。アフリカのサバンナノウサギだよ。

ウサギは、メスが赤ちゃんをうんで はじめは おちちで育てます。ヒトと同じ ほにゅう類です。耳が大きくて、足がとてもはやい。世界中の野山にすんでいて、ずっとむかしから、ヒトとは友だちの かわいいどうぶつです。

ウサギには自然の中にすむ野生のウサギとヒトにかわれているカイウサギがいます。

ヒトにかわれているカイウサギ。おだやかで、やさしい目をしているね。ロップイヤーだよ。

体のつくりを見てみよう

ウサギはウサギ目というなかまで、体つきもどくとく。カイウサギの体を見てみよう。

耳
きけんをかんじて、けいかいするときは、耳をピンと立てる。べつべつの方向の音をききわけられるんだ。大きさはしゅるいによっていろいろだよ。

かお
おむすびみたいな形をしているね。これはオスのカイウサギ。メスよりもオスのほうがほおがふくらんでいるよ。目はよこにあるね。

毛
ぜんしんに びっしりと毛が生えているよ。毛は生えかわる。さむいところにすむノウサギのなかまは、冬には白くなるんだ。

お
ちょこんと小さいよ。うらがわは白い毛になっていて、お を立てると白く見えるよ。

目
丸くて大きな目をしているよ。頭のわきにとび出していて、どの方向だって見えるぞ。

はな
いつも ひくひくとうごかして、いろいろなにおいを かぎわけているんだ。きけんなてきの においをにがさない。

口
上くちびるのまん中がたてにわれている。このおかげで、はなのにおいをかぐ力が強くなっているんだ。

おなか
体の毛の色はいろいろかわっても、おなかの毛は白い。

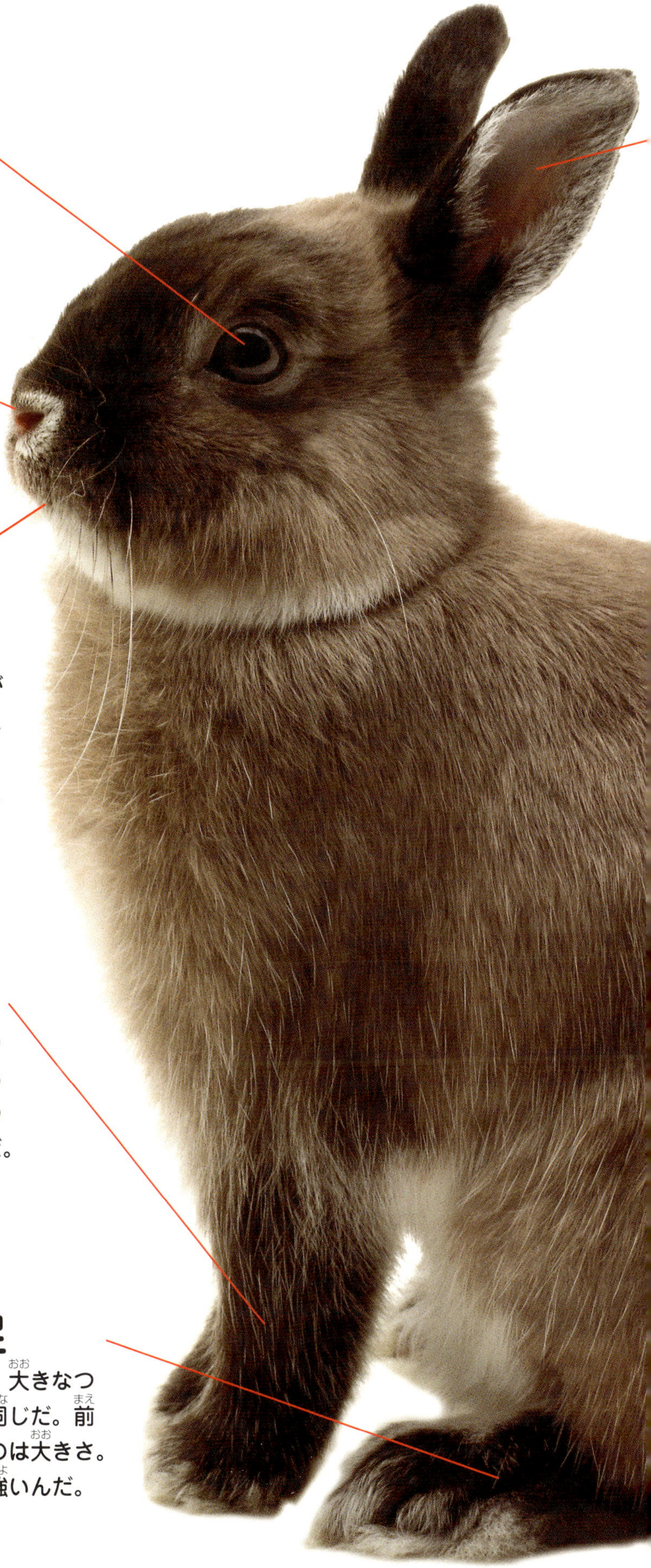

前足
しっかりとした5本のゆびと大きなつめがある。でも、ふさふさの毛にかくれているんだ。

後ろ足
ゆびは4本、大きなつめは前足と同じだ。前足とちがうのは大きさ。力もずっと強いんだ。

ウサギがいろいろ大集合

日本にいるウサギ

すんでいるところによって、耳の大きさや形がちがう、いろいろなウサギがいるんだ。

日本にすむノウサギは4つのこまかいしゅるいにわけられます。冬になると白い毛になるものと、ならないものなど、ウサギはすむところで少しずつちがいます。それで、わけているのです。

茶色のままだよ
キュウシュウノウサギ

生息地域／本州、四国、九州
体長／およそ50cm

雪があまりふらない地方のノウサギは一年中、茶色の毛なんだ。

白くなるんだ
サドノウサギ

生息地域／佐渡島
体長／およそ50cm

雪がつもる きせつに合わせて、1月ごろに毛が白くかわるんだ。

白くならない
オキノウサギ

生息地域／隠岐諸島
体長／およそ50cm

あたたかい海にめぐまれて、雪がつもりにくいので、毛は茶色のままだ。

本州の雪国にすんでいる
トウホクノウサギ

生息地域／本州北部と日本海側
体長／およそ50cm

冬になると毛が白くかわる。とてもけいかい心が強くて、めったに見つからないよ。ヒトにもなれないんだ。

■生息地域は、おおよその地域です。
■体長は大きく育った成体のおおよその寸法です。

雪の中ではまっ白なんだ

日本にいるウサギ

日本にすむ　そのほかのウサギ。
アマミノクロウサギは特別天然記念物なんだって。

雪国の生活にむいた体
エゾユキウサギ

生息地域／北海道
体長／およそ60cm

雪のきせつが近づいて、耳と足の先のほうから、毛が白くかわりはじめているよ。
なかまはアジアからヨーロッパの雪国に広く　くらしているんだ。

雪のきせつはまっ白だ。後ろ足が大きいね。ふったばかりのふわふわな雪の上でも、この足だから、体がしずまないんだ。へっちゃらさ。

10

生きた化石といわれているんだ
アマミノクロウサギ
生息地域／奄美大島、徳之島
体長／およそ45cm

森にすんでいて、あなをほってひとりぼっちで くらしている。耳は小さいね。とてもふるい ウサギのとくちょうをもっているよ。だんだん、数がへっているんだ。

ウサギらしくないウサギ
エゾナキウサギ
生息地域／北海道の大雪・日高山系
体長／およそ15cm

小さな体で、耳も足も小さい。食べものをためたり、まるでリスのなかまのようだけど、りっぱなウサギなんだ。ひょうが時代からの生きのこりなんていわれているぞ。キャンと子犬のような声でなく。

外国にいるウサギ

外国には、もっとかわったウサギが たくさんいるんだって。

ウサギはさむい国からあつい国、高い山から海がん近くの草原まで、いろいろなところにいます。てきから みをまもるために、それぞれのくふうをしています。

すみかのあなの入り口にいる見はり役。耳をピンと立てて、しんけんそのもの。てきが来たら、あなにとびこむんだ。

あなほりめいじん

アナウサギ

生息地域／北アフリカ、ヨーロッパ、イギリス、オーストラリア、ニュージーランド、など
体長／およそ50cm

『ピーターラビットのおはなし』のもとになったしゅるい。
あなをほって、かぞくで生活するんだ。

すいえいがとくい
ヒメヌマチウサギ
生息地域（せいそくちいき）／アメリカの南部（なんぶ）
体長（たいちょう）／およそ 45cm

いざとなれば水（みず）にとびこんでスイスイおよいでにげる　かわりもの。

外国（がいこく）にいるウサギ

たくさんいる外国（がいこく）のウサギの中（なか）から、こせいゆたかなおもしろい　しゅるいを集（あつ）めたよ。いろんなウサギがいるんだね。

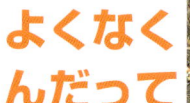

よくなくんだって
メキシコウサギ
生息地域（せいそくちいき）／メキシコ
体長（たいちょう）／およそ 30cm

富士山（ふじさん）くらい高（たか）い山（やま）で、あなをほって　すんでいる。体（からだ）が小（ちい）さなしゅるいだ。

**足（あし）がじまんの
かいそくランナー**
オグロジャック
ウサギ
生息地域（せいそくちいき）／北（きた）アメリカ
体長（たいちょう）／およそ 65cm

日本（にほん）のノウサギよりもずっと大（おお）きな耳（みみ）と長（なが）い足（あし）がりっぱだね。アメリカに広（ひろ）くすんでいる。

アフリカの大地がすみかなんだ
サバンナノウサギ

生息地域／アフリカ
体長／およそ60cm

チーターにつかまえられることが多い。昼まは草むらにじっとかくれているんだ。

白いおが名まえのもと
ワタオウサギ

生息地域／北アメリカ
体長／およそ45cm

アメリカでもっともよく見られるウサギ。『シートンどうぶつき』にも出てくるよ。

北きょくに生きる
ホッキョクノウサギ

生息地域／北極圏内の国ぐに
体長／およそ60cm

アラスカやグリーンランドなど、さむい地方にすむ。耳の内がわにも毛が生えているのがわかるね。

かわれているウサギ

カイウサギはいろんな しゅるいがいるけど、みんな同じなかまなんだよ。

カイウサギはアナウサギから生まれて、ヒトの手によって ひんしゅかいりょう されたもの。かいぬしに とてもなれます。

ネザーランドドワーフ

まんまるなのがウサギのおすわり
体重は1kgくらい。カイウサギの中では体のいちばん小さな しゅるいなんだ。

とくいのポーズ。おやつがほしいのかな

このしゅるいは先祖のアナウサギのとくちょうを いちばんのこしているよ。小さな耳と丸いかおがそうだね。

ネザーランドドワーフ
気(き)になるものは じっと見(み)つめるよ

けいかい心(しん)が強(つよ)いのはカイウサギもノウサギと同(おな)じだよ。ほんとはやんちゃで、いたずらっ子(こ)なんだ。

ダッチ
2色(しょく)もようで、ダッチというんだ

このしゅるいは、体重(たいじゅう)は3kgくらい。カイウサギでは大(おお)きいほうなんだ。

いろんなひんしゅが生まれたよ

同じ先祖のウサギとおもえないほど、いろいろだね。

ライオンヘッド

赤い目がほうせきのようだ

ヒマラヤンという　もようだよ。長い毛がとってもおしゃれで、かわいいね。

たてがみがいばっているね

ライオンのたてがみみたいに、毛が広がっているよ。ウサギに見えないぞ。

レッキス

毛皮にするためにできたひんしゅ

これは毛皮のざいりょう用につくられたひんしゅ。手ざわりがとてもなめらかなんだ。

アンゴラ

毛をとるためにつくられた

もともとは、毛をかって ぼうしなどにするためにつくられたひんしゅ。前が見えるのかなぁ。

アメリカで にんきもの

たれ耳のことを、えいごでロップイヤーというんだ。毛がふわふわなアメリカンファジーロップだよ。

ロップイヤー

ウサギなのにたれ耳

みじかい毛なのはホーランドロップだよ。おとなしいせいかくで、だっこをしても あまりあばれない。

あなほりが じょうず

アナウサギは
ふかくて
長(なが)い
トンネルにすむ。

かぞくで
きょうりょくして
生活(せいかつ)して
いるんだ。

自然のウサギは2しゅるいいるんだ

同じウサギでも、すむところで、赤ちゃんの育て方がちがうんだよ。

自然の中でくらす野生のウサギには、2しゅるいがいます。地めんのあなにすむアナウサギと、野原にすむノウサギにわかれます。ウサギにくらべてみましょう。

ノウサギ　アナウサギ

❶ 赤ちゃんのとき

あなの中で生まれるアナウサギの赤ちゃんは、生まれたときは　はだかんぼうだ。目も10日目くらいまで　ひらかないよ。野原で生まれるノウサギは生まれたときから、お母さんと同じに毛でおおわれている。目もしっかりとひらいて、まわりを見ているんだ。

ノウサギ　生まれて、2日目

アナウサギ　生まれて、2日目

❷ 体のちがい

アナウサギは　せまいあなの中でくらすのにあわせて、足はみじかい。ノウサギはかくれるところの少ない野原でくらすので、てきを早く見つけられるように耳は大きく、にげるために足はとても大きく長いんだ。

ビューーン

ヨチヨチ

❸ ねるところ

アナウサギは地めんにほった、ふかいあなの中で休む。だから、あんしんしてゆっくりねられるね。ノウサギは くさむらにひそんでねるよ。いろいろなてきに、ようじんしながらなんだ。たいへんだね。

ノウサギ

アナウサギ

❹ 生活のしかた

アナウサギは地めんに ふかくほったトンネルの中に、おおぜいのなかまとくらす。ごはんを食べるときも、かわりばんこに見はりをするんだ。ノウサギは子どもを育てるときいがいは ひとりぼっちでくらすんだ。

こんな生活をしているよ

自然の中で生きるには、くふうがひつよう。ウサギの生活は なぞがいっぱいだぞ。

かわいくて、よわそうに見えるウサギ。でも、きびしい自然の中で、まけずに たくましく生きています。こんな いろいろな生活のくふうを、ウサギはしているのです。

❶ うんちを食べるってほんと？

ウサギのうんちには、まだ しょうかのとちゅうの やわらかいうんちと、しょうかのおわった かたいうんちがあるんだ。草をじゅうぶんに えいようにかえるために、やわらかいうんちをもう一度食べるんだよ。

❷ 夜行性なのはなぜ？

ウサギはてきとたたかう ぶきをもたない、よわい生きものだ。だから、うごくと目立ちやすい昼まは休んでいて、見つかりにくい夜におきてきて 草をたくさん食べるんだよ。

❸春はけっこんのきせつ

春になるとノウサギはけっこんの あいてをさがすよ。子どもは一度に２ひきから５ひきくらい、１年に２回か３回うむんだ。子どもには、てきをようじんして、１日に１回か２回 おちちをあげにいく いがいは近よらないんだよ。

❹おしゃれだよ

ウサギは前足で頭をかいたり、後ろ足で毛づくろいをしたり、いつも体についたよごれをおとしているよ。体をきれいにして、びょうきにならないように気をつけているんだ。

❺冬は食べものがなくて、たいへん

雪国はもちろん、あたたかい地方でも冬は草がかれて、ウサギのこうぶつはなくなってしまう。たいへんだ。おなかのすいたウサギは、木のかわをかじって うえ をしのぐんだよ。

ウサギの体のふしぎ

大きな耳に、大きな後ろ足。ウサギはとても とくちょうのある体つきをしています。これはウサギがすんでいるところや、生活のしかたととってもかんけいがあるのです。

❶ 耳は大かつやく

大きな耳はしのびよる てきのわずかな音を聞きのがさない高せいのう。それともうひとつ。耳の内がわには毛が生えていないので、血管がすけて見えている。走ったあとなど、体温が上がったら、ここから熱をにがしているんだ。はんたいに、北きょくにすむウサギは体温をにがさないように、耳は小さいし、毛も生えているんだ。

耳で体温を下げる

けいかいしている耳

あんしんしている耳

❷ じょうぶな歯がある

歯は、つめのように のびつづけるんだよ。また、もんし という歯がウサギには6本ある。上の歯の後ろに もう2本かくれているんだ。これはネズミのなかまにはない、ウサギだけのとくちょうだ。

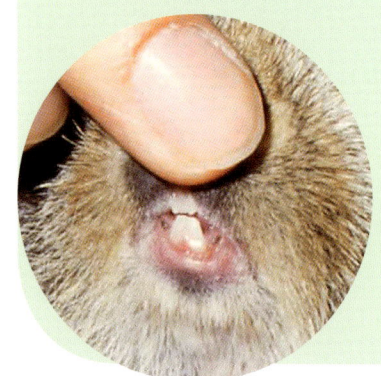

③ 大きな足のわけは？

体にくらべてとっても大きな後ろ足をしてるね。この大きな足があるから、雪がたくさんつもる北国でも、ウサギは雪に足をとられないで らくらくうごけるのさ。

④ つめは太くてじょうぶ

カイウサギの足をさわると毛の中に、太くて黒いつめが見つかるよ。前足で土をほって、後ろ足でかき出して、ふかいあなをほるのにつかうんだ。これは先祖のアナウサギからうけついだ しゅうせいなんだよ。

⑤ 足のうらにも毛がびっしり❓

犬やネコの足のうらを知っているかな。体は毛だらけでも、足のうらだけは肉球というひふが見える。ところが、ウサギは毛がびっしり。これは かけ足のときにすべらない やくめと、けがをしないためのクッションなんだ。

⑥ 白いしっぽのなぞ

アナウサギやカイウサギのしっぽは白いよ。これはとつぜん てきにおそわれたとき、なかまの白いしっぽを目じるしにして にげこむあなの方向をまよわないためなんだって。

天てきとのたたかい

ぶきをもたないウサギには、たくさんのてきがいて、食べものにしようとねらっています。ウサギはつかまってしまわないように、いろんなちえを使って、たたかっているのです。

これが天てきだ

タカやワシは強てきだ。空からウサギを見つけて、つかまえにおりてくる。キツネやりょう犬には草むらにかくれていても、見つけられてしまう。ヘビはあんぜんなはずのあなの中に入ってきて、子ウサギをねらうんだ。

❶ かくれる

ノウサギは見つかりやすい昼まは、草むらの中に体をうずめて　じっとしている。こうしていれば、ワシやタカにも見つからないさ。

どこにいるかわかるかな？

③ 毛皮をはがしてにげる

キツネやりょう犬にかみつかれたりすると、そこの毛を皮ごとはがして すててにげる。はだが まっ赤にむけてしまうけど、さいごのしゅだんだ。けがは、1か月から2か月でなおるのさ。

② 見はりを立てる

アナウサギはみんなが あんしんして草を食べられるように、見はりが まわりを見るんだ。きけんをかんじると、足で地めんをバンバンとたたいて知らせるんだよ。

④ 雪のきせつは白くなる

雪国にすむウサギは、冬になると耳や足の先から だんだんと毛が白くなる。こうして雪がつもるころにはまっ白さ。じっとしていれば、ワシやタカに見つからないぞ。

⑤ 「非常脱出口」

たてあなに すいちょくとび！アナウサギは地めんにまっすぐなあなをほって、天てきがトンネルに入ってきたときの にげるあなにつかうんだ。走っていても きゅうにまっすぐ とびあがれるからさ。てきはついてこられないぞ。

ノウサギの足はこんなにはやい

❶ 時速65km

バッとかけ出して、すぐにさいこう速度になれるんだ。時速65km。ヒトはとてもおいつけない。犬だって、足のはやい りょう犬でないと、むりだね。

❷ スポーツマンのひみつ

ノウサギやユキウサギは、小さな体に大きな心ぞうをもっている。かけっこのとくいなスポーツマンなんだ。でも、あんまりとおくまでとか、長い時間は走れない。つかれてしまうよ。たんきょリランナーなんだね。

長い後ろ足がじまんだけあって、ウサギはとても足がはやい。それにウサギにしかできない、どくとくの走り方ができるのです。

❸ ジグザグに走る

じぶんより足のはやい　りょう犬においかけられると、ウサギはジグザグに走るぞ。ウサギはいきなり曲がれるけど、犬にはできないから、おうのを　あきらめてしまう。ウサギにしかできない走り方さ。

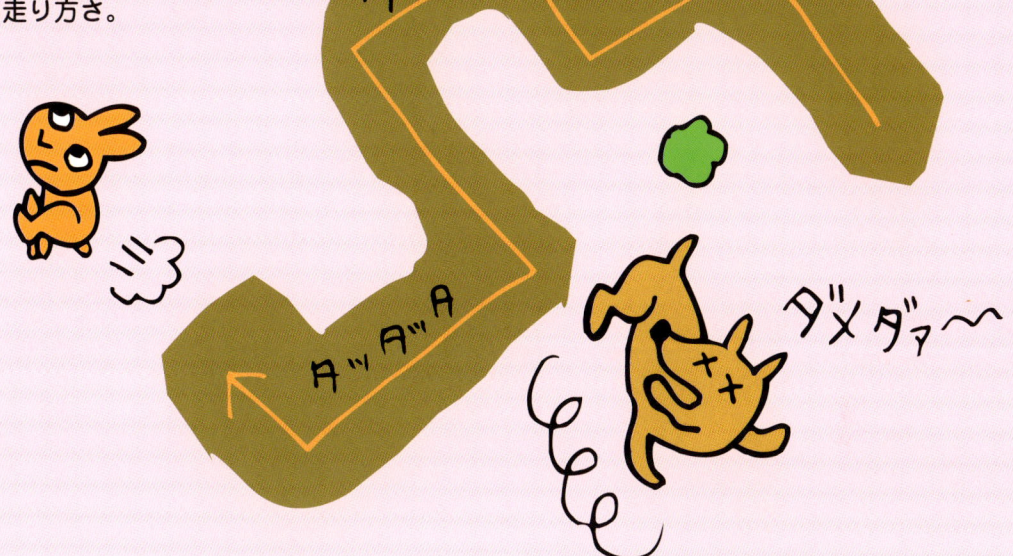

❹ 耳を立てて走る

走るときは、てきに見つかりやすい。だから耳を立てている。まわりに注意しながら走るんだ。りょう犬においかけられているときも同じ。立てた耳で、後ろの犬のけはいをしっかりつかむのさ。

ウサギをかってみよう!!

カイウサギはじょうずにかうと、だっこをしたり、さんぽができたりします。

気が小さいので、こわがらせたり、いやがったときはしつこくしないのがよいかい方。ケージの中がじぶんのすみかだとわかると、あんしんできて、中に入れっぱなしでも かわいそうではありません。だいたい10年くらい生きるでしょう。

えさのやり方

ぼく草とペレットをあげるといいよ。ペレットは1日のりょうをきめて、朝にあげる。ぼく草は少なくなったら たすんだ。

ひつようなもの

ケージ
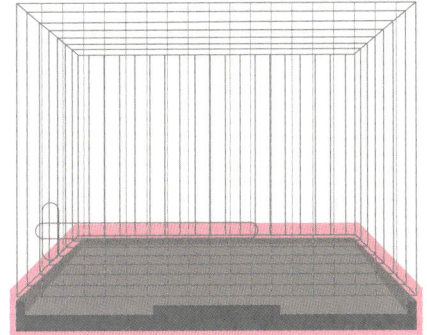
立ち上がれるように高さのあるもの。

＋

ペレット

草だけではふそくするえいようをおぎなうんだ。

＋

ぼく草
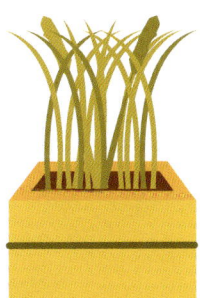
ぼく草は主食なんだ。きらさないこと。

＋

水とう
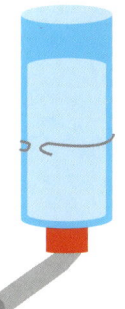
じぶんでのめる のみ口のついているもの。

＋

トイレ

かどにおける三角のものがいい。

おくところ
へやのはしっこの、しずかなところがいいよ。さむいのはだいじょうぶ。ちょくせつ日があたるような、あついところはきらいだ。

＋

トイレシート
下にトイレシートをしこう。

＋

かじり木

歯がのびすぎないように、ものをかじるよ。かじれるように、木を入れておこう。

トイレのそうじ
トイレと、シートは2日に一度くらい、とりかえよう。そのときに、おしっことうんちのようすに かわりがないか、見よう。

せわのしかたとちゅうい

きちんと せわをしてあげれば、ウサギはいつまでも げんきだよ。

❶ 夏はあつさに気をつけよう

夏の昼まは外に出してはだめだよ。10分くらいで ぐったりしてしまう。しんでしまうこともあるんだ。風とおしのよいところや すずしいへやに おいてあげよう。

❷ 家になれるまではしずかにしてあげよう

家にやってきたら、しばらくはケージから出さずに、じゅうぶんなれるまで、だっこもがまんしよう。まず、おしっこをトイレにするように、くりかえしておしえるのがたいせつ。

❸ じょうずなだっこのしかた

むりやりつかまえようとすると、にげまわる。これをくりかえすと、きかんぼうにしてしまうよ。だっこをするときは、さいしょに目を手のひらで かくしてから、おしりをもちあげると、おとなしくだけるよ。

5 ブラシを かけよう

生えかわりのころなど、たくさん毛がぬけるよ。ほうっておくと毛玉ができて、よごれや ひふのびょうきのもとになる。ブラシや くしで毛をきれいにしてあげよう。

4 なでるとよろこぶよ

おでこをなでると、目を細めてよろこぶよ。せなかからおしりをなでても にげないようになれば、なれてきたしょうこだ。なでてから えさをあげるといいよ。

6 つめ切りを わすれないこと

つめがのびすぎると、うまく歩けなくなって、体をわるくするもとになる。1か月に一度くらい、切ってあげよう。3mm くらいでいいよ。ひざでぎゅっとはさむと切りやすい。

7 けんこうチェック

①おしっこはしているか
②うんちはげりをしていないか
③目・耳・はな・口はきれいか
④毛はきれいか
⑤つめはのびていないか
⑥げんきにうごいてるか、を見よう。
　ようすがおかしかったら、おいしゃさんに行こう。

ウサギものしりちしき

ウサギにはまだまだ、ふしぎがいっぱい あるんだぞ。

ウサギって なんしゅるい いるの？

世界にやく80しゅ

5000万年前には、今のようなウサギがいたのが、わかっているよ。ヒトよりもずっとむかしから地球にいるんだね。

すんでいる国は？

ウサギは今は世界中にすんでいるよ。もともとは、オーストラリアとニュージーランド、南アメリカの南部にはいなかったのが、ヨーロッパから人がもちこんで、今ではアナウサギがたくさんすんでいるんだ。

古代ローマ人の大こうぶつ

むかしヨーロッパにあったローマていこくでは、ウサギりょうりがごちそうだったんだって。どこに行っても食べられるように、りょうどを広げた。このローマ人によって、ウサギはヨーロッパ中でごちそうになったのさ。

とっても大きなウサギだよ

フレミッシュジャイアントというひんしゅは大きいのでゆうめいだよ。「フランダースの巨人」という名まえなんだ。体長91cm、体重11kgだって。日本では秋田県に同じくらい大きなジャンボウサギがいるよ。

長生きのきろくは？

1983年にアフリカのタンザニアでしんだペットのカイウサギが、長じゅきろくだ。名まえは「フロスピー」。なんと18年も生きたんだ。

ウサギ ものしりちしき

へえ、知らなかったね。

ウサギは手をつかわないんだ

ウサギは食事のときに、えさを口でくわえて食べるんだ。リスやネズミのなかまはりょう手でえさをもち上げて食べるよね。ウサギはウサギ目、リス・ネズミはげっし目というべつのどうぶつなんだ。

うさぎのそっくりさんがいるよ

トビウサギはウサギにそっくり。大きな足と耳があり、ぴょんぴょんとうごく。でも、リスやネズミのなかまなんだ。食事のときはりょう手でえさをもつから、ウサギじゃないってバレちゃうんだよ。

あごを こすりつけるのは、なぜ？

あごをこすりつけるのは、オスだけ。あごにある においをこすりつけて、なわばりのしるしをつけているんだ。

おっぱいは 8こあるよ

ウサギのお母さんは、子どもをうむ前にじぶんのおなかの毛をぬいて、赤ちゃんがおちちをのみやすくするんだ。おっぱいは 2れつに、ぜんぶで8こあるんだ。

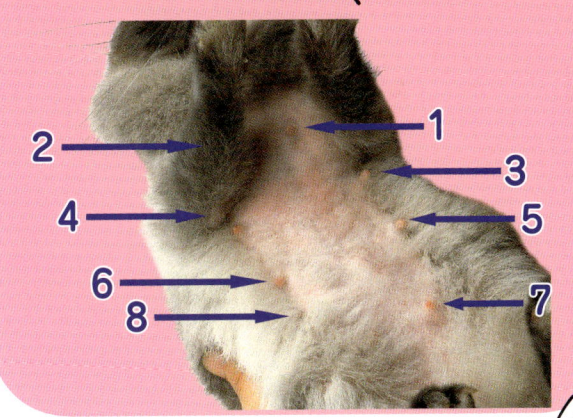

ウサギをひろったり、にがしてはだめだよ

野原でノウサギの赤ちゃんを見つけても、ひろってきてはだめだよ。まい子ではなくて、お母さんが来るのをまっているんだ。
また、ペットでかっているカイウサギを、野原に にがしてはいけないよ。自然ではそれぞれの生きものがちょうわをたもって生きている。ペットがわりこむと、自然の生きものたちが こまってしまうからね。

監修／小宮輝之　恩賜上野動物園元園長
撮影／佐藤　裕・内山　晟・小宮輝之
　　　フレッド ブルーマー
絵／Cheung*ME
装丁・デザイン／M.Y.デザイン
　　　　　　　　（赤池正彦・吉田千鶴子）
校閲／鋤柄美幸
取材協力／pet's-club 大里美奈・坂本郁子・
　　　　　佐々木博子・横田枝里子・
　　　　　アンゴラ王国

育てて、しらべる
日本の生きものずかん　15

ウサギ

2007年2月28日　第1刷発行
2015年1月12日　第2刷発行

監修　　小宮輝之
発行者　鈴木晴彦
発行所　株式会社　集英社
　　　　〒101-8050　東京都千代田区一ツ橋2－5－10
　　　　電話　【編集部】03-3230-6144
　　　　　　　【読者係】03-3230-6080
　　　　　　　【販売部】03-3230-6393（書店専用）
印刷所　日本写真印刷株式会社
製本所　加藤製本株式会社

ISBN978-4-08-220015-2　　C8645　NDC460

定価はカバーに表示してあります。
造本には十分注意しておりますが、乱丁・落丁（本のページ順序の間違いや抜け落ち）の場合はお取り替え致します。
購入された書店名を明記して小社読者係宛にお送り下さい。送料は小社負担でお取り替え致します。
但し、古書店で購入したものについてはお取り替え出来ません。
本書の一部あるいは全部を無断で複写・複製することは、法律で認められた場合を除き、著作権の侵害となります。
また、業者など、読者本人以外による本書のデジタル化は、いかなる場合でも一切認められませんのでご注意ください。

©SHUEISHA　2007　Printed in Japan